潮流家居 SHOW 「大户型」

Residential Fashion SHOW

正声文化 ◎ 编

中国电力出版社
CHINA ELECTRIC POWER PRESS

内容提要

本书以实景案例为单元，以设计师简介、案例简介、设计说明、平面示意图、实景拍摄图作为全书的主要构架。书中约40个精品案例，其中包括部分优选的样板间项目。每个项目都介绍了设计理念、设计风格、施工工艺和装饰材料，方便读者参考使用。

图书在版编目（CIP）数据

潮流家居Show.大户型/ 正声文化编.－－ 北京：中国电力出版社，2012.4
ISBN 978－7－5123－2893－8

Ⅰ.①潮… Ⅱ.①正… Ⅲ.①住宅－室内装饰设计－中国－图集
Ⅳ.①TU241－64

中国版本图书馆CIP数据核字(2012)第060263号

中国电力出版社出版发行
北京市东城区北京站西街19号　　　100005　　http://www.cepp.sgcc.com.cn
责任编辑：曹巍　　　责任印制：蔺义舟　　　责任校对：闫秀英
北京瑞禾彩色印刷有限公司印刷·各地新华书店经售
2012年5月第1版·第1次印刷
700mm×1000mm　1/16·11印张·215千字
定价：35.00元

潮流家居 SHOW 「大户型」
Residential Fashion SHOW

Preface 前 言

　　近几年中国经济飞速发展，人民生活水平日益提高，人们的居住环境也得到大幅度改善，人均居住面积越来越大，在城市购买大面积住房的人士逐步增多，这其中也包括很多购买改善性住房的人士。本套书精选了全国众多城市中 100 平方米以上的大面积精品住宅及别墅项目的实景图片进行展示，包括中式风格、欧式风格、美式风格、东南亚风格、现代风格、后现代风格、田园风格以及新古典风格，甚至 Art-Deco 风格等近年流行的各种风格样式的家居装饰案例，是一场真正的"潮流家居 SHOW"。

　　本套书以国家对住宅面积分类标准为参考，分为四册，即《中户型》、《大户型》、《超大户型》和《别墅》。其中：

　　《中户型》册是面积为 101~144 平方米的住宅案例，以平层住宅案例为主。

　　《大户型》册是面积为 145~180 平方米的住宅案例，以平层多居室住宅案例为主。

　　《超大户型》册是面积为 180 平方米以上的住宅案例，以复式和跃层住宅案例为主。

　　《别墅》册包含面积为 200~1000 多平方米的联排别墅以及独栋别墅案例。

　　在此，正声文化要特别感谢中国电力出版社的编辑为这套书的出版所做的努力，也希望广大读者给我们多提宝贵意见。如有家居装饰方面的疑问或者困难，欢迎与我们交流。限于编者水平，书中难免有疏漏之处，请广大读者不吝指正。

正声文化

2012 年 3 月

Contents 目 录

前 言

广东东莞
170m²

时尚经典

主设计师: 王五平 (现任 深圳王五平设计机构 设
计总监; 深圳室内设计师协会理事)

这是一套四室两厅的住宅，房主经商多年，为
人沉稳，不喜欢复杂的设计，要求空间在装饰风格
上一切从简。

房间整体以现代中式风格为主，搭配颜色淡雅
的中式家具。客厅中摆放着成套的木质家具，宽大
的方形茶几十分大气；浅色的布艺沙发靠背上装点
着线条简洁的梅花，沙发背景墙运用了生态木，红
黑相间，和旁边的白色仿石材砖形成鲜明的对比，
更增强视觉感染力；餐厅里木质的餐桌椅完美地体
现了质感，错落有致的吊灯给这里增添了韵律感；
主卧打通了一个小房间，做成起居室；主卫墙面设
计成艺术树形玻璃，保持洗手间的宽敞感觉，更增
强卧室的时尚氛围；次卧的床头背景墙选用树纹壁
纸，与主卧相呼应，浅咖啡色与白色分配得当，给
人以视觉上的舒适感。

整个房间中多处运用到了中式的设计元素，但
设计师均以现代手法进行装饰，让主人感受到既经
典又时尚的氛围。

平面图

长沙
160m²

时尚潮家

主设计师：王伟（现任 长沙喜居安装饰工程有限公司 设计总监）

　　这是位于长沙某高档社区内的一栋平层住宅，居住着一家三口，房主追求时尚、前卫、大胆、不落俗套的居家环境。

　　入户花园被改造成琴房，原木色的吊顶搭配英伦风情的条格纹壁纸、柔美线条的门框式隔断加上小木门，使这一区域充满了清新的田园气息；客厅和餐厅在设计上反其道而行之，客厅的天花采用黑底白花的壁纸装饰，突破传统观念的黑色吊顶会给空间带来压抑感，让视觉随着壁纸的藤蔓花纹线条拉长、延伸；餐厅与客厅相连，灰色的基调使空间沉稳，利用黑镜拼贴的吊顶，延续着客厅顶面大胆的设计风格，真正是前卫不落俗套；书房用灰黑相间的斜纹壁纸作装饰，浅色地板与深咖啡色的家具互相衬托，丰富了房间的层次感；卧室以较浅的米色调营造出温馨舒适的环境；卫浴的设计充满个性，英文报纸图案的瓷砖从地面一直延伸到墙壁的中部，好像地面满铺了英文报纸。设计师在装修上敢于创新，运用各种装饰材料做合理的搭配，打造了一个极富质感和潮流感的家。

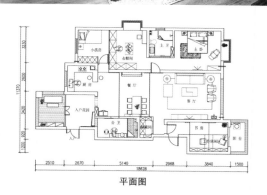

平面图

南京
149m²

简约的现代生活

主设计师: 卞绍犇（现任 江苏连云港鼎轩装饰老卞室内设计事务所 设计总监; 国家注册室内设计师）

这套三室一厅的住宅居住着一家三口。房主比较喜欢现代前卫的感觉, 于是设计师将其定位为现代简约风格。

原户型是四居室, 使用率不够高, 设计师在满足功能的前提下, 将空间改造为三居室, 设计了衣帽间、主卧与书房一体的格局。

室内主要以白、灰两种颜色为基调。客厅用色较深, 但是良好的采光使空间并不沉闷, 加上暖色

系茶几与毛绒地毯的搭配, 反而让空间产生一丝温馨感。沙发上的彩色靠垫和茶几上的绿植也让这一区域富有生机。背景墙的装饰画有着现代前卫的味道; 餐厅以白色和原木色为主, 用简单的手法营造了一个舒适的用餐环境。背景墙上色彩浓郁的油画填补了墙面的空白, 也避免了颜色过于简单而产生的单调感; 主卧的卫生间采用透明玻璃围合, 时尚而通透, 内侧挂有浴帘, 保证了私密性。

家中摒弃一切繁琐的设计元素, 用最简单的材质和颜色打造出了一个温馨、简约而不乏时尚的居住空间, 满足了主人对家的需求。

平面图

南京
160m²

乐·境

设计机构：董龙设计

这间房子的主人是一对80后的小夫妻，他们对于流行的欧式风格并不感兴趣，更钟情于有品位、有个性的现代奢华风格，此外他们希望自己的家有与众不同的地方，需要一点创意来点亮整个空间，也点亮他们的生活。

设计师将其定位为简奢主义的矛盾空间，在简约手法的大块面结构与颜色的基础上，设计师融入主人所追求的精致感与奢华感。比如个性的皮草沙发，金属质感饰品，闪亮的银质吊灯等，用奢华点缀着简约，使得空间拥有丰富的层次感。

客厅以同色系的木纹石地面和电视背景墙表达浑然一体的美感。硅藻泥的沙发背景墙，则是设计师通过不同材质让同色系空间更加丰富与饱满；餐厅通体的浅色随着光影、质感的变化而产生了丰满的视觉效果，虽然简单却不觉平凡；卧室继续上演同色系风景，而紫白条纹的床品让空间更跳跃，层次更多变；休闲区要注重自然的感觉，所以地板、书架、摇椅等都选用了原木的质感。宽敞明亮的窗户提供了开阔的视野，室外景色尽收眼底。

80后的个性与张扬在这个家中得到了最大的释放，一个家已经不仅是用来居住生活，更重要的是舒适度与美观度给人带来的轻松与惬意。

平面图

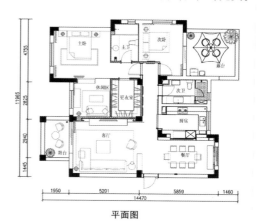

杭州
160m²

黑白交响曲

设计机构:上海大灏装饰设计工程有限公司

这套三室两厅的房子位于杭州良渚文化村内,主人是一个单身都市女性,独立性较强,钟爱于简约、硬朗、大气、沉稳的风格。

黑与白的搭配是简约风格中的经典,这一空间的主题也是从黑与白开始。设计师以白色和咖啡色木饰面为基底,选用白色和黑色的家具做主角,谱写黑与白的交响曲。

客厅中的沙发背景墙用欧式花纹壁纸来装饰墙面,点缀着抽象的装饰画,凸显出时尚与古典碰撞的味道;黑色丝绸质感的茶几上摆放着几本杂志和精致的茶具,加上黑色肌理纹边桌,提升了空间整体的档次和质感;从餐厅可以看出主人是一个很有品位并且注重细节的人。木饰面餐桌和皮质的座椅加上不锈钢椅脚,材质和颜色上的反差丰富了空间的层次;卧室中装饰了较多的咖啡色木饰墙面,烘托出温暖雅致的氛围,与之完美搭配的是纯白的床品,咖啡加糖的感觉是丝滑中带着幽静。

虽然是一个人居住的空间,但依然充满温暖,包含了主人的理念和精神,虽然简约,但却完美。

平面图

深圳
155m²

简约主义

主设计师：李茂兴（现任 深圳市大齐装饰设计
    公司 室内设计师；高级室内设计师）

　　这套三室一厅的寓所，居住着一家三口人。房主对家的要求很简单：中式风格，颜色明快，简洁大方，主体色最多三种，避免空间杂乱，最主要的一点是要实用、省钱。

　　设计师充分把握主人需求，在概念定位时以整个空间简约而不简单为主旨，突出六维空间的层次感，以现代简约风格为主体糅合中式风格进行装饰。

　　因房屋是斜屋顶结构，设计师充分利用这一点，在顶面利用不同材质做线条和面的变化，丰富了顶面的层次；会客厅与餐厅相连，开放式的厨房又与餐厅互通，使各功能区之间动线更加流畅；主卧的墙面采用淡紫色壁纸进行装饰，搭配银灰色的窗帘，营造出时尚、浪漫、温馨的情调，现代中式风格的家具混搭其中，使空间更显雅致。

　　整个空间都没有过于复杂的装饰，运用仿古砖、墙纸、大理石、马赛克等装饰材料打造出既有中式的韵味，又不乏现代特点，集实用、艺术、节约为一体的完美居住空间。

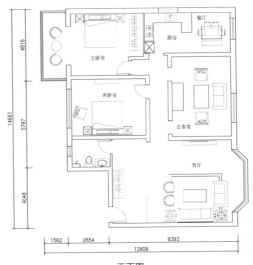

平面图

福州
160m²

生活，拒绝平庸

主设计师: 施传峰（现任 宽北设计机构 首席设计
　　　　师 & 董事）
　　　　许娜（现任 宽北设计机构 设计师）

　　这套平层住宅的户型较大，四室四厅，一家三口居住于此。房主是十分乐于享受生活的人，认为人生就应该丰富多彩，不平庸，也希望自己的理念能够渗透到家的设计上。

　　这个房子的结构很规整，但也缺乏亮点，不能让人一进来就能感受到空间的大气，因此设计师在公共空间的部分做了大文章，使空间在划分手法上极具个性。餐厅和客厅间用视觉通透的玻璃旋转门区分，既达到区域分隔的效果又不影响区域间的互通，让人一进来视野明显变得开阔；厨房与餐厅结合起来作为一个大空间，令整个空间的采光性和通风性达到最佳，可供擅长烹饪的女主人大显身手；书房一边用大面积内饰黑色线帘的落地玻璃做推拉门，与餐厅隔开，另一边在过道上用推拉门，空间可谓隔而不断；主卧中，诱人的紫色尽显妩媚，透明玻璃隔断的主卫

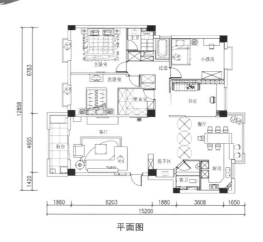

平面图

给室内带来时尚感。红色线帘在灯光的照射下与壁纸上的线条融为一体，光影动人，热情、浪漫的气氛又增添了几分。黑色与红色的搭配有强烈的视觉冲击力，也突显了居室的独特个性。

台湾台中
149m²

原木之家

主设计师: 许盛鑫（现任 夏利设计·十三装修公司
　　　　　设计总监）
　　　　郑辉华（现任 夏利设计·十三装修公司
　　　　　室内设计师）

　　这间三室的平层公寓居住着一对夫妻。两人喜欢现代并富于品质感的温馨家居环境。设计师采用大量木质装饰，以现代风格为主体，营造简约、时尚、温馨的空间。

　　玄关以浅色地板将该区域与客厅分隔开，一扇竹编的屏风作为隔断，保护了室内的私密性，也为空间规划出最合适的动线；半开放式的电视墙变成了一个小隔断，划分了客厅与休闲区。电视墙的设计富于造型的变化，电视依靠一根中轴来固定，看起来好像可以360度旋转一样，给室内增添了灵动性；休闲区放着一张躺椅，简约的落地式台灯让这个小角落充满宁静温馨，在这里看书，小憩，真是乐哉悠哉；客房设计别具一格，木饰面从天花一路延伸到地台，并做弧形处理，墙壁上设计可折叠的木桌，提供了喝茶聊天的空间，使空间功能更丰富；卧室延续整体的风格，以木饰面为主进行装饰；Z字形的床头柜十分简约且造型别致，搭配玻璃底座的台灯，充满了时尚感。

　　设计师增加吊顶的层次变换，改变整个空间由于大面积的木饰面装饰而缺乏立体感的状况，使这个家变得自然，充满亲和力。

平面图

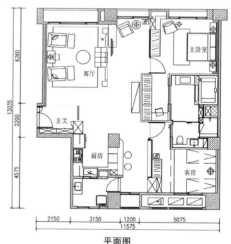

南京
150m²

昨日再现

设计机构：董龙设计

　　这套房子的女主人气质优雅、温婉，喜欢把房间打造成复古、华美的感觉，也希望有田园的趣味元素在家中。设计师以欧式新古典风格为主线，局部点缀欧式田园的装饰，昔日的氛围呈现在主人面前。

　　客厅里复古的留声机、吊灯扇，将主人带入"昨日再现"的梦境，再搭配复古的家具，沉稳之余更显典雅、古朴。整体泛黄的色调，就像旧照片一样耐人寻味；造型优雅的铁艺吊灯，晕出温馨、舒缓的韵味，与款式考究的餐厅家具搭配在一起，展现迷人的优雅景致；主卧以醇香、浑厚的实木地板和家具营造复古华美的氛围，窗帘和壁纸的选择较为淡雅怡然，从房间的整体到细节充分将女主人的优雅温婉的气质很好地表达出来；小阳台也是个吸引眼球的地方，设计师将欧式庭院的元素借鉴于此，潺潺的池水、有着野外气息的栅栏、小巧灵动的鹅卵石、舒适奢华的贵妃榻，让主人足不出户就能感受到欧式田园的趣味。

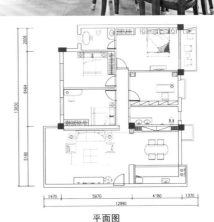

平面图

湖南株洲
160m²

脚底下的奢华

主设计师: 熊琪 (现任 湖南株洲 大唐装饰设计工程责任有限公司 室内设计师)

　　这套房子的主人是一位离异多年的女士，长期在外的漂亮女儿是她唯一的精神支柱，但是女儿的工作和生活都追求品质感，对居家生活有很高的要求，平时住在自己的公寓。作为母亲，非常希望把房子装修好之后女儿可以回到家里住。所以设计师以低调的奢华来诠释，希望新家可以赢得母女俩的喜爱。

　　以欧式新古典风格来表达低调的奢华概念，来迎合整体的设计主题。客厅与餐厅被处理成连贯的整体，从天花到地面，给人通透之感。客厅的欧式沙发沉稳大气，纹样精美，搭配玉石台面的茶几尽显奢华，阳台垭口的两根罗马柱装饰呼应了整体的氛围，阔叶绿植给庄重的空间增添了一丝生机；一扇铁艺雕花的隔断划分了客厅与餐厅，玫瑰红的实木餐椅从颜色上将餐厅与客厅做视觉上的分隔；卧室里的床几近黑色，通透的卫生间消解了主人寂寞

的情绪，壁画中两个小天使憧憬着远方，给未来提供了无限可能，让母亲有所期待。

　　这里没有寂寥，有的只是温婉华美的环境，它已成为母女两人生活的联系纽带。

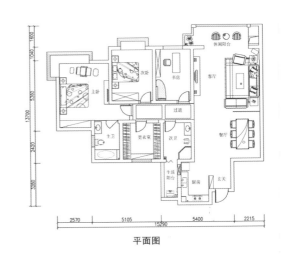

平面图

山东威海
149m²

重回自然

主设计师: 杨峰 (现任 广东星艺装饰威海分公司
室内设计师)

　　这是一家三口居住的三室一厅住宅，房主希望
自己的房子在色彩上大胆一些，另类一些，休闲一些，
在简单中蕴含着奢华。设计师先以主人钟爱的家具
风格来定位整体，最终整体空间以欧式田园风格为
主，来体现主人对新生活方式的追求。

　　走进玄关就可以对房屋的装修风格一目了然：
白色的拱形门洞，拼花的仿古地砖，白色的壁柜，
都散发着欧式田园气息；客厅中的碎花布艺饰面沙
发也揭示了该区域田园风格的主题，窗边的躺椅让
生活变得更加自然舒适安逸；主卧的墙面整个被粉
色碎花墙纸覆盖，带来梦幻感，富于质感的田园风
情擦色家具被突显出来，尽显低调的奢华本色；儿
童房的色调则走田园风常见的淡绿色为主的清爽路
线，天花垂下轻盈的纱幔，给孩子营造一个童话般

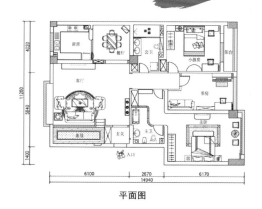

平面图

的世界；橱柜大胆地采用了绿植的颜色，与砖红色
的仿古砖结合到一起，朴实自然，又极富个性，给
人较强的视觉冲击力。

　　小元素构成了大空间，家就是这样简单而不失
品质。

广东佛山
150m²

田园美景

主设计师: 王余锋(现任 广东佛山市南海设计中心
TOP 域峰组 高端设计组长; 国家注册
设计师)

这套房子主人是一个外企高管, 他非常喜欢国外的那种慢节奏生活, 平时休息的时候特别喜欢窝在家里享受家庭的温馨与惬意, 一男一女两个小孩也为家庭增添更多的欢乐。主人的需求很简单, 就是需要一个放松又充满田园格调的家。

室内的家具都是用实木打造的, 每个空间用不同风格的壁纸进行装饰, 但都体现着欧式田园的韵味。主卧的墙壁全部用碎花壁纸来装饰, 与床品相呼应。房间的高度足够容纳一张四柱床, 整个空间清新中还透着一股高雅的气息; 次卧与阳台相邻, 透明玻璃门方便室外的光线进入室内, 阳台中大株的绿植, 在净化空气的同时, 也让环境变得清新优雅; 走进男孩房, 一阵凉爽的气息扑面而来, 淡淡

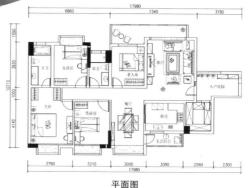

平面图

的蓝色环绕着这个房间, 整体风格迎合了小男孩活泼好动的天性; 阳台的假山周围缓缓地流淌着溪水, 花草在其间相映成趣, 跃动的不仅是水, 更是生活的气息。

在这样一个充满温情与自然的家里, 一定会让人忘记工作带来的疲惫感, 心情愉悦地享受生活。

中西合璧

主设计师: 熊龙灯 (现任 北京尚层别墅装饰公司
　　　　　首席设计师; 高级室内建筑师)

这是一个普通的三口之家, 男女主人已步入中年。住宅是塔楼的结构, 阳光不足, 通风不是很好, 房间小且不规则。对于房子的风格, 主人希望能符合他们的年龄, 厚实、稳重、随意。

客厅一侧设计了一个壁炉, 上方悬挂着一幅古典的油画, 两侧有仿古的壁灯相呼应, 使房间里充满异域风情; 电视背景墙白色的欧式护墙板在绿色的壁纸映衬下与阳台的石墙相呼应, 显得自然随意。欧式沙发庄重大气, 精细的雕刻透出低调的奢华; 餐厅位于客厅的后方, 很好地利用了房间的结构, 白色的橱柜, 以及角落中的冰箱, 让空间变得开阔、方正。阳台的一缕阳光透过石头墙影射到客厅, 让房间更有诗意; 书房中充斥着美式的家具, 实木的书架和书桌, 以及精美的摆饰, 让这里的文化气息更加浓厚。

整个房间虽然面积不大且不规则, 但是通过合理的设计和家具的摆放, 丝毫没有影响各功能分区的设置, 小空间依然绽放出它应有的精彩。

北京
142m²

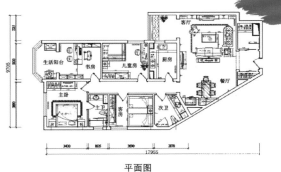

平面图

江苏南通
150m²

一步一风景

主设计师：高嵩（现任 江苏张家港 三十六度
空间有限公司 室内设计师；中级室
内设计师）

　　该复式楼居住着一家三口。房主喜欢地中海的
白色和原木色，希望能在自己家中体现出来，但是同
时还能拥有自己的一些个性风格，让家里时刻充满新
鲜感。设计师将空间打造为后现代的地中海风情。

　　根据主人的喜好，米色、白色、原木色成为空
间的主调。一层是公共空间，以欧式为主调。客厅
中成套的欧式沙发，富贵大气；电视背景墙采用深
色壁纸装饰，两侧配以马赛克拼贴，再搭配复古的
台灯和装饰品，营造出欧洲的文化气息；餐厅与之
相邻，餐桌椅也与客厅风格配套，在风格上保持了
连贯性，增添优雅氛围。

　　二层是主人休息的空间，在设计上走的是后现
代的简约路线。书房以素雅的白色为主，静谧的空
间可以使人心情平静；主卧充满了温馨的暖色调，
窗边一把躺椅，疲劳时可以躺下小憩一下。设计师
没有为主卧设计主吊灯，而以灯带取而代之，使空
间线条富于变化，更具后现代的时尚感；楼梯间一
条长长的金色帘幔自上而下，贯穿了整个空间，也
成为两层空间的联系纽带。错落有致的线形吊灯使
室内充满美妙的节奏感。

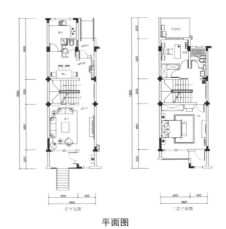

平面图

　　尊贵奢华的环境，仿佛生活在宫殿中一样，让
人有帝王般的享受。

重庆
148m²

古罗马之家

主设计师: 宋扬（重庆 自由设计师; 国家注册室内
　　设计师）

　　这是三室两厅的户型，房屋的主人比较喜欢欧
式风格的华贵典雅，以及欧洲的历史痕迹和文化底
蕴，但又不喜欢传统欧式的繁琐复杂，因此设计师
要简化传统欧式的繁复。

　　客厅入口的两个罗马柱造型装饰奠定了整间居
室的装修格调。线条优美的真皮沙发和精雕细刻的
实木茶几大气高贵，金色靠垫起到了提亮空间的效
果。电视背景墙采用大理石铺贴，与房间整体风格
相得益彰，品质感油然而生；餐厅基本延续了客厅
的装饰和搭配。欧式拼花地砖做了隐性的区域分隔，
与吊灯相呼应，形成一天一地的格调氛围。餐桌上
摆放的水果与茶色镜面上悬挂的油画相呼应，色彩
鲜艳，灯光明亮，营造了动静结合的典雅就餐环境；
卧室充满浓情的古典风韵，迎合主人的品位。

　　设计师保留了传统欧式材质和色彩上的大致风
格，仍然可以很强烈地感受传统的历史痕迹与浑厚
的文化底蕴，同时又摒弃了过于复杂的肌理和装饰，
简化了线条。

平面图

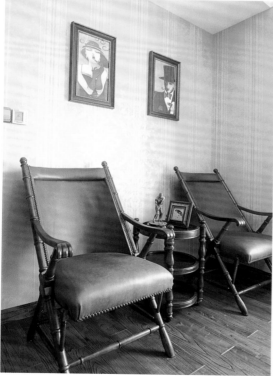

重庆
150m²

化零为整

主设计师: 宋扬(现任 重庆 自由设计师; 国家注册
室内设计师)

　　房主向往具有欧式风情的家, 奢华、庄重、高
雅的格调会让主人感到兴奋和快乐。设计师运用现
代的处理手法加上欧式风格的格调作为主题, 定义
以简欧风格为主人缔造一个向往许久的家。

　　餐厅以顶圆为设计元素展开设计, 把客厅、餐
厅由两个分散的零空间化成统一整体; 电视背景墙
采用石材贴面, 结合石材门头套线, 达到客厅、餐
厅端庄、大方、沉稳的效果, 沙发背景引用镂空雕
花裂纹板和墙纸的互补关系, 在灯光的衬托下给人
们展现另一种的生活世界; 客厅、餐厅地砖斜拼,
搭配深色拼花地砖, 突出欧式风格; 休闲厅侧墙大
面积采用茶镜做装饰, 把装饰吧台映射在其中, 在
视觉上拉大了空间; 主卧室床头背景主要采用素色
香槟金布艺软包装饰, 两边配以银色装饰线条, 加
上暗花墙纸的配饰, 整个卧室显得更加高贵、华丽。

　　各种元素的相互修饰, 让每一个空间都谐调统
一, 相得益彰, 使整个空间更加沉稳、大方、庄重,
使主人因为环境而对生活更加充满激情, 更加向往。

平面图

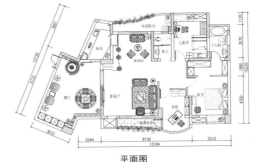

西安
150m²

家的意义

设计机构: 北京乾图室内环境设计公司

　　这是幸福的三口之家，主人希望他们在这里真正找到心灵的归属，体现出家的意义。

　　房间整体色调上采用白色与暖驼色相搭配的主色调，大面积使用淡淡的蓝绿色相间的壁纸体现格调，提升品位。客厅没有电视，而以装饰画取代，相对而置的皮质沙发，成排的藏书和黑漆的钢琴，表现出主人对客厅的不同理解，以及对家人团聚的重视程度；遥相呼应的欧式古典吧台，更加展示出主人热情好客的一面，以及对客人品位的迎合。餐厅原本是普通的就餐的地方，设计师却创造出异常典雅舒适的氛围，显示出超五星的感觉；开放式的卫生间与主卧连成一体，贵妃浴缸是二者的纽带，晶莹剔透的水晶帘，金色凤尾形的马赛克迎合着女主人的喜好；酒红色的软包床头背景墙，精致的台灯饰品在白玉兰的衬托下显得无比的高贵；公主房粉色的基调使空间显得温馨而活泼。

　　家是幸福的所在，是温馨的港湾。

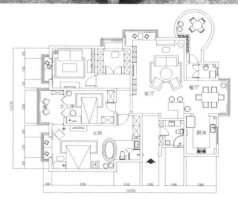

平面图

灰白跨界

主设计师: 钱晓丹 (现任 上海零域建筑装饰设计有限公司 设计总监; 高级室内建筑师)

这套公寓是跃层结构，房主是一对新婚夫妇，年轻人喜欢简约、时尚的生活方式，并希望自己的家充满个性化和浪漫情调。设计师以现代欧式风格来诠释，借黑白灰这些永恒经典的颜色演绎双层空间跨界的时尚之风。

客厅的主题是黑与白，黑色的现代简约皮质沙发与白色大理石台面的简欧风格茶几，在材质和色彩上形成强烈对比，强调空间的质感；楼梯采用棕色的实木扶手和阶梯，加上透明玻璃护栏，使空间通透，线条流畅；餐厅位于楼梯的另一侧，餐桌黑色的大理石台面衬托着设计感极强的白色吊灯，继续着材质和色彩的强烈对比，使空间更具个性化；主卧红色的床品打破了空间整体的色调，提升空间的浪漫情绪，增添新婚的喜庆气氛。

整套公寓中运用木纹地砖和咖啡色地板来烘托气氛，镜面起到拓展空间的作用，墙纸为平淡的空间中增添一份素雅，简约而不简单，表达出了主人的生活态度，也体现了家的真谛。

上海
148m²

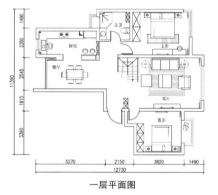

一层平面图

阁楼平面图

济南
160m²

混搭风

主设计师: 曲以功（现任 山东济南 以志盛视设计
工作室 创始人 & 设计总监）

　　这间房屋是复式结构，主人喜欢安静自然的生
活。设计师赋予了这个双层空间不同风格，一层为
欧式新古典风格，二层为日式风格，形成空间的混搭。

　　一层以黑白色为主色调，装饰欧式风格元素。
客厅采用低矮的家具，拉伸了房间的高度，配上大
面积的落地窗，使整个房间宽敞明亮，自然通透。
彩色条纹窗帘和沙发背景墙壁纸，使黑白的空间更
富有层次感；阳台上造型别致的盆栽和书架上的装
饰品给室内增添了生气；餐厅背景墙以银镜斜拼作
为装饰，使空间更加开阔，兼具欧式时尚气息。

　　二层的休闲室以完全不同的日式风格呈现，营
造出清新自然的氛围，轻松的浅米色墙壁，日式山
水画的推拉门，草绿色的竹席，木质地台做成的榻
榻米，所有元素都那么纯粹，让人一进入房间就立
刻放松下来。

　　家不需要复杂的修饰，只要做出适合自己的风
格，就已足够。

一层平面图

二层平面图

属于自己的 Art-Deco

主设计师：王京然［现任 北京 阿彬原创设计（北京）
工作室 设计总监；中级设计师］

　　房子的男主人步入中年，性格沉稳、有学识、
事业有成，但要忙于工作，追求简单安静的生活；
女主人开朗、气质高雅，注重品质与创意，儿子4岁，
活泼、好学。设计师通过材质和色调的完美搭配与
过渡，让具有优美质感的用材和线条、造型优雅的
家具与室内灯光完美结合，营造出空间沉稳、高贵
的氛围，让有限的空间展现出大气的一面。

　　客厅以壁纸为主要装饰，瓷砖地面，灰色的布
艺沙发上摆放着带有刺绣纹饰的靠垫，和壁纸相呼
应。水晶吊灯成为体现客厅奢华感的点睛之笔；卧
室延续了客厅的风格。地面改为木地板，更加温馨
且富于质感。欧式吊灯弥散出含蓄的光，使卧室倍
感温馨；主卫深色仿古地砖衬托着复古气质的浴缸，
增加了贵族气息；次卫以白色为主色调，黑色的线
条与灰镜穿插其中，使空间富于变化的层次感；次
卫与主卧的两个隐形门设计是整个房子的亮点。把
门巧妙地融合到周围环境中，功能性与趣味性兼具。

　　整个空间被打造成专属于他们自己的风格，让
一家人非常满意。

平面图

北京
150m²

江苏常熟
160m²

浪漫音符

主设计师: 由伟壮（现任 上海由伟壮设计事务所掌门人）

这套住宅居住着一家三口，房型结构比较奇特，一层带有一个地下室。女主人擅长健身、瑜伽。根据她热爱运动的特点，室内运用具有异国浪漫情调的风格装饰，结合泰式、现代以及波西米亚风格的混搭手法融合而成新的空间。

空间整体以暖色调为主。客厅墙面漆成柠檬黄色，地面铺设浅色仿古砖，沙发背景墙采用仿古釉面砖斜拼，四周镶嵌雕花镜面，使空间复古的同时又具有时尚感。沙发和地毯采用相同的大地色系，烘托整体温暖氛围；餐厅延续了客厅的风格，背景墙做了泰式拱门造型，天花采用白色饰面板做泰式塔形吊顶，让小小的空间里充满了浓郁的异域风情；主卧用色淡雅，大面积的暖色调营造出了温馨舒适氛围。床头柜上摆放的工艺品体现出了夫妻二人的幸福生活。阳台被划分为两个功能区间，中间以玻璃拉门作为隔断，书房和衣柜安放在靠近卧室的一侧，最大程度地利用了空间；女儿房选用紫色作为点缀，淡紫色蒲公英图案的壁纸让整个居室充满了梦幻的感觉。

一层平面图

江苏南通
146m²

地中海的蜗牛居

主设计师: 曹建超(现任江苏南通 金秋装饰工程
有限公司 设计总监)

这套小型的复式楼住着一家三口。房主虽没有
所谓的地中海情结，但对地中海的独特元素十分喜
爱。设计师保留了原始结构的简单通透，利用大小
各异的圆拱及墙角的圆边处理，让这个温馨的蜗居
以地中海的面貌呈现。

整体色调没有地中海风格标志性的蓝，只有干
净的白。玄关挂着一人高的穿衣镜，既具有功能性
也使空间更显开阔，大门上方悬挂着圆形的金属钟
表，精致可爱；地面用手工马赛克区域性地划分了

空间；客厅中沙发与地砖的颜色搭配得十分和谐，
背景墙上挂满了照片，让简单的白墙，拥有手工创
意的立体造型；木质家具给这里增添了一丝韵味。
一张圆桌，四把椅子构成了餐厅，简单随意，却是
家的感觉；家中摆放的一些小饰品增添了生活情趣，
其中最吸引人的莫过于纯手工的做旧相框，岁月剥
落它们身上鲜艳的"外衣"，露出斑驳的痕迹，泛
黄的照片镶嵌在这样的木框中，充满了韵味感。

小小的蜗牛居承载着一家人的欢乐与幸福，三
口之家在温暖的灯光下更显得亲切和生动。

一层平面图

二层平面图

广东佛山
146m²

新中式的意雅颂

主设计师: 何博彦 & 董锐光（广东佛山尚筑装饰设
计工程有限公司 设计总监）

　　这套住宅的主人是一个三口之家。男女主人事
业有成，追求有品质的生活，对家的要求也不例外，
要求它具有优雅迷人的气质，低调中尽显尊贵。当现
代文化与道家逍遥自在的精神相遇时，碰撞出了新中
式的火花，也成为设计师赋予这个家的精神风格。

　　设计师以简、意、雅作为空间的设计理念，将
其渗透到空间的每个细节当中，并且摒弃多余的造
型，以配合建筑本身规整的格局。

　　整体空间由白色的基底搭配咖啡色的中式线条
为主构成。客厅与餐厅互通，没有隔断，使空间更加
的完整通透。墙壁均采用淡黄色，增强空间的温馨度；
客厅沙发背景墙突破性地采用镜面进行装饰，增强视
觉拓展性。沙发柔软的材质与之形成对比，丰富了室
内的层次；设计师巧妙地利用房子原有结构，在过道
中以两面透明玻璃围合出书房空间，视觉上更加开阔。

　　同时，设计师选用了青花瓷、水墨画等一些具
有中式韵味的装饰品作装饰，打造了一个宁静、高贵、
典雅的新中式空间。

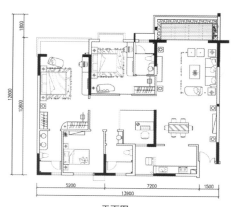

平面图

陕西咸阳
160m²

中式韵味

主设计师：程梁（现任 城市人家装饰设计总监 设
计总监；中级室内设计师）

　　这套房子的主人对中国传统文化情有独钟，也
希望能够把这种风格融入到自己家中，打造一个充
满文化气息的新中式风格居室。

　　整体空间以暖色调为主。客厅中铺设仿古地砖，
中间摆放一个古老的红木箱当做茶几，别出心裁，
两旁的小木箱与其配套，既达到了统一性也增加了
储物的功能性。浅色的沙发在质感和颜色上与之形
成对比，粗中有细，刚柔并济，丰富了客厅的层次感。
宫灯样式的吊灯与下方的花篮相映成趣，让这一小
小的区域趣味十足；餐厅与客厅相通，背景墙上装
饰着巨幅的荷花图，四周以茶镜做边框，给映入镜
中的景象赋予暖色调，同时增强了现代感；过道尽
头的砂岩浮雕是这个家的亮点，精雕细刻，做工精美，
完美地演绎了中式文化的精髓。

　　设计师以简单的直线条表现中式的古朴大方。
色彩上，采用柔和的中性色彩，给人优雅温馨、自
然脱俗的感觉，营造了回归自然的意境。

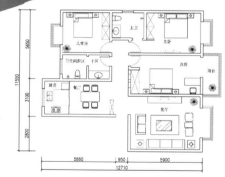

平面图

武汉
148m²

中国风

主设计师: 姚志飞(现任 武汉第 5 大道设计工作室 设计总监)

　　这套房子的男主人是一位 30 岁左右的公务员，家里常有领导来访，因此对家的要求更趋向喜庆、沉稳，在满足整体效果下又要体现一种文化内涵。因此设计师将空间定位成代表着含蓄端庄的现代中式风格。

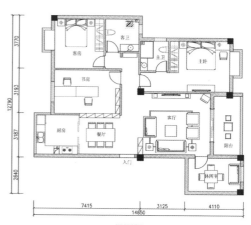

　　整体空间以深红棕色为主色调，白色为辅，使空间在沉稳中不显得过于深沉，白色又可对局部进行色彩上的提升。客厅摆置现代风格的白色真皮沙发，对比搭配红棕色做工精细的中式太师椅，提升视觉效果；客厅与阳台之间的隔断门很有设计感。四扇可以 360 度旋转的中式镂雕木门节省了空间，打破纯中式空间的死板沉闷，为室内增添动感；餐厅的桌椅是极其简约的中式家具，红木搭配白瓷餐具，点缀背景墙上飘逸的中式书法，营造出浓郁的文化气息。另一侧的背景墙是红白相间的壁柜框架，中规中矩；书房的设计简单大气，风格色调延续空间主旨；卧室大红色床品让人眼前一亮，喜气十足。淡紫色的纱帘营造出浪漫的气氛。

　　完成后的新房线条简单流畅，细节设计精巧，主人第一眼看到便爱上了它。

平面图

东方情怀

设计机构: 董龙设计

房主追求浪漫雅致的居家生活, 不需要有华贵的古董和复杂的设计, 带着时尚现代派的东方风情, 是设计师为其量身打造的。

客厅带有些许混搭风情。现代风情的灰色布艺沙发, 配上改良中式风的不锈钢交椅, 给视觉带来极强的冲击力。金黄色的绒毛地毯消除了沙发颜色和金属带来的冰冷感。沙发背景墙的壁纸运用了中式窗花的元素, 与玄关的中式镂空木隔断遥相呼应。墙上的水墨画加深了东方韵味, 玄关隔断的中国风红色花瓶成为空间亮点, 打破了四周的肃穆寂静。四周的绿植为这里增添了生气。餐厅家具的颜色是中国式红与黑的经典搭配, 沉稳中带着激情与浪漫。一边的小吧台是一个休闲区, 虽然是马赛克与时尚吧椅, 但依然是红白黑的完美搭配。主卧的设计非常浪漫雅致。床头背景墙满铺的国画花鸟图, 使空间充满了诗情画意。地板和床品的色调也与之和谐

搭配, 让主人一瞬间就沉醉在这样的环境中。

整个房间没有过多的装饰, 却让人感受到了最新式、最独特的东方情怀。

平面图

福州
156m²

关于主旋律

主设计师: 施传峰（现任 宽北设计机构 首席设计师 & 董事）

许娜（现任 宽北设计机构 设计师）

这套住宅是四室两厅的结构，居住着一家五口。为了照顾到两代人的不同审美，最终决定在现代风格中加入一些中式元素。

在空间的色彩上，使用传统的黑白灰色系表现出现代的简约感，同时在局部运用酒红色作为渲染，点缀出些许淡淡的中式意境，迎合了两位老人的风格要求。

客厅设计十分简约，沙发背景墙的壁纸选用典型的几何图案，具有现代元素的特质，但在色调上使用了红灰两色，又有了东方的韵味；电视背景墙则采用红梅手绘墙装饰，在意境上与主题遥相呼应；餐厅与洗手间相邻，为了更好地划分空间，选用了暗红色的镂空雕花隔断作区域分隔，也为空间增添了新的亮点——在光照下，光影交错，尽显婉约。餐厅的一整面背景墙均用黑镜覆盖，清爽、干净、利落，同时拓展了视觉空间。

整个家中用色简洁，材质简单，打造出了大气、时尚的效果，使家人各取所需，共谱一段和谐的主旋律。

平面图

南京
150m²

自然禅意

设计机构：董龙设计

这套平层公寓位于南京，主人喜欢休闲自在的生活状态，也希望把自己的喜好融入到家的设计中。经过反复的考量，设计师最终确定了东南亚格调的设计手法。

提到东南亚风格，大多数人都会想到浓烈的色彩，可是在这个家里却是个例外。设计师通过精心的布置，营造出了大气雅致的空间效果。

客厅中三面环绕的柚木沙发围绕着可以随意拼凑组合的实木茶几，让人感到十分惬意和放松。茶几中间的鱼缸增添了空间的活力。宽敞的落地窗给室内提供了极好的采光条件。电视背景墙以大理石镶边，天然石材的纹理，大气的感觉把自然的气息带进居室之中；餐厅与客厅相连，用进门的过道分隔开；餐厅使用线条简洁的餐桌椅，独特的造型，柚木的材质将东南亚休闲的气息散发得淋漓尽致；主卧给人冷酷的感觉，从地板到家具再到床饰，黑白两色形成强烈对比。一扇不锈钢玻璃隔断巧妙地把空间分成了两个部分，同时更添时尚感。精心设计的灯光在这里也成了精美的装饰，在墙面上"划"出了一道优美的波浪线。

整体设计布局较为紧凑，空间疏密有致。"东南亚"诉说着一种悠闲的生活状态，营造出一种自然随意的气质。

平面图

长沙
146m²

异国风情

主设计师: 王伟（现任 长沙喜居安装饰工程有限
公司 设计总监）

　　这是一户幸福的三口之家，四居室的户型，与
其他家庭的装修模式不同，这户人家的主人是先选
择家具，所以房子的装修风格要与家具风格和谐。

　　维系空间原有秩序，增设定量，在原定量和增
设定量基础上做变量，关联整个空间的点点滴滴。
所有的垭口都被改造成拱形，充满异域风情，天花
及大部分墙壁用深咖啡色的壁纸做装饰，地面采
用不同颜色的仿古瓷砖拼贴，家具大都选用实木材
质。客厅的电视背景墙用精美的马赛克拼贴成一幅
复古图案，四周再加以金边辅助及灯光的渲染；卧
室是家中最温馨的空间，因此整体都设计成为暖色
调，床头背景的金色饰边与电视背景墙有异曲同工
之妙；休闲区作为棋牌室，坐拥两扇宽敞的落地窗，
采光相当充足，彩色条纹壁纸与窗帘的颜色相统一，
使颜色多而不乱。

　　咖啡色花纹壁纸、藤艺与实木结合而成的家具、
仿古瓷砖、精美的工艺品等，设计师通过运用这些设
计元素让空间充斥着浓郁的东南亚风情，欧式的水晶
吊灯和卫浴的底柜又呈现出另一番欧式新古典的味
道，让人足不出户就能感受到异域空间氛围。

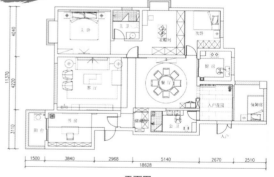

平面图

广西南宁
146m²

一帘幽梦

主设计师: 樊秋苑（现任 广西南宁老地方 80 空间
　　　　　艺术工作室 室内设计师）

　　这是一套四房两厅的居室，三口之家，男主人
是大学教授，女主人是温柔贤惠的理财会计师。他
们有一个聪明可爱的儿子。设计师将空间定位于现
代简约风格，利用通透的玻璃材质丰富的光与影的
效果，结合精致的珠帘营造一帘幽梦的幻境。

　　客厅的沙发与墙面的颜色保持统一，搭配透明
的玻璃茶几，显得干净整洁；餐厅与客厅利用水晶
珠帘设置了功能分区。餐桌桌布的颜色也选用了浅
色系，四周搭配了黑色的椅子，丰富了餐厅的层次
感；与厨房的连接处用一大块玻璃作为隔断，打破
了水泥墙的厚重感，多了一分通透；过道最里面的
空间设计巧妙，运用一整面墙的彩绘伪装了壁橱门，
既是装饰又增添了趣味性；阳台成了整间居室最独
特的地方。虽然整体呈灰色，但是因为有了小配饰

平面图

的点缀，消除了空间沉闷的感觉。宽阔的座椅为主
人提供了一个休闲区，原木色的材质迎合了灰色的
砖墙，给人朴实自然的感觉。

　　房子的墙面大量使用液体壁纸装饰，其细腻变
化的纹理，为整个空间注入了灵魂。

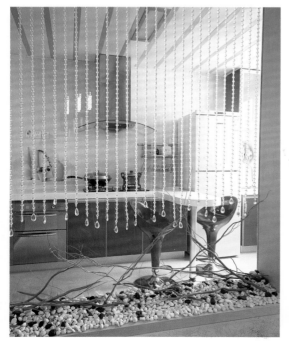

黑白世界

主设计师: 耿冲 (现任 湖北钟祥艺暨家居装饰工程有限公司 设计总监)

这是一个幸福快乐的三口之家, 喜欢灰色系且简洁的风格。设计师以简约的造型及黑白灰色的经典搭配诠释出现代风格的家居空间。

客厅主要由黑白两种颜色组成, 给人较强的视觉冲击力。黑色的壁纸上布满细细的树枝花纹, 加之射灯的效果, 使墙面富于立体感。台板下方的蓝色灯带也使视觉上有了跳跃感, 空间显得不单调; 餐厅改变了节奏, 以圆形吊顶以示空间区隔。餐桌上铺设的碎花桌布透着淡淡的田园气息, 体现出了女主人的生活情趣; 主卧简洁温馨, 水晶吸顶灯的光线折射在天花板上, 制造出奇妙的光影效果, 营造了浪漫温馨的感觉; 儿童房的面积不大, 所以以白色为主调, 宽敞的窗台被改造成了写字台, 充分地利用了空间。

简约的风格, 简单的色彩, 成就了简单却温馨的家。

平面图

湖北钟祥
145m²

雅致主义

主设计师：曲以功（现任 山东济南 以志盛视设计 工作室 创始人 & 设计总监）

　　这是一套教师公寓，房主钟情于现代生活方式，设计师根据他们的喜好，充分运用简洁、干练的元素表达了现代风格的设计理念。

　　客厅以咖啡色为主色调，不同程度的深浅搭配丰富了空间的层次。浅色的毛绒地毯柔化了整体的深沉感，使人视觉和触觉上都有舒适感。黑色钢琴结合棕色木饰面墙面，在第一时间抢夺人们的眼球，与一旁黑色的落地灯一起勾勒出极具现代感的空间轮廓，让人过目不忘，津津乐道；厨房采用开放式，与餐厅相通，使空间更通透，主人做料理更方便；咖啡色的餐桌结合米色软包坐垫的餐椅，材质与色彩上的对比给人简约、休闲的感觉；主卧的色彩延续了客厅的风格，墙上的装饰画点缀得恰到好处，白色门窗和彩色条纹床品的点缀，让空间多了份优雅与宁静，与整体感觉相得益彰。

　　深色与静谧有着奇妙的关联，这套公寓中虽然在硬装饰上使用了面积较多的深色调，但却在软配饰上中和了深色所产生的负面因素，使空间简约却不失温馨。一把休闲椅，一帘飘逸的白纱，就是一种生活状态。

济南
167m²

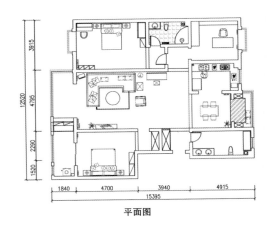

平面图

深圳
145m²

现代的时尚

主设计师: 魏庆喜（现任 深圳市画者室内艺术空间设计工作室 创始人 & 设计总监）

这套位于深圳的私人住宅的主人是一位年轻漂亮的女士，她喜欢简约时尚的风格，希望房子保留住家的功能，但不要平庸，喜欢把家装扮出样板房的感觉。

房间整体以中性冷色调作为主题，从客厅和餐厅就可以看出这一点，黑与白构成空间主色调。不锈钢和黑镜的运用，加深了冷的酷感。电视背景墙和餐厅背景墙贯穿为一个整体，采用木纹瓷砖拼贴来缓和空间的冷，带来一丝暖意，其间镶嵌着不锈钢条，又把墙面的线条丰富起来。电视背景墙两侧的装饰花瓶也都选用金属银色，而色彩缤纷的花朵和淡紫色的吧椅融合了冷色调，使空间不生硬，而且变得柔和舒适；卧室中银灰色的床品与紫色软包床头背景相得益彰，天花周围轻盈的纱幔，在酷感

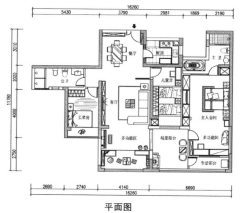

平面图

中增添浪漫的气氛；透明玻璃门的浴室给生活增添了一丝情趣。

设计师选用了大量的镜面与反光材质，增加了空间延展性，也创造出了美丽的光影效果，同时充满了现代时尚的金属感，彰显出主人的个性。

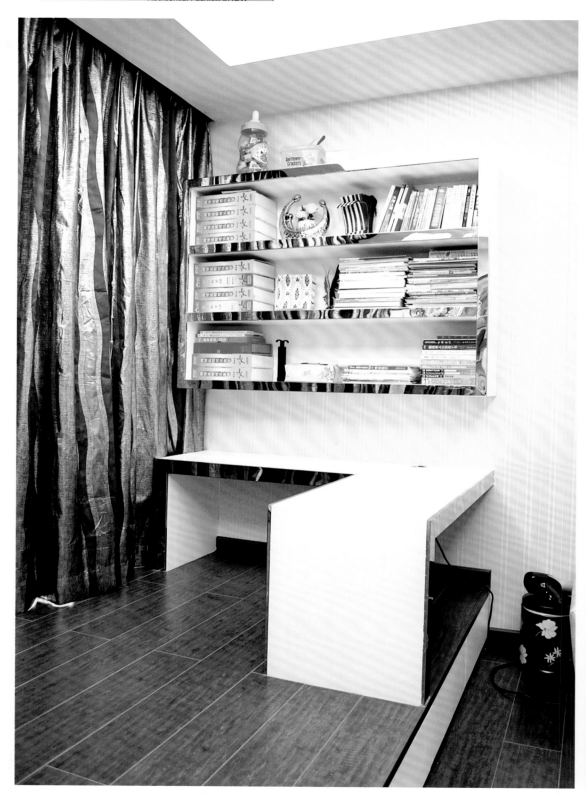

品味中式休闲

主设计师: 夏家芬(现任 上海聚通建筑装潢工程
有限公司 资深设计师)

　　这是一套四室两厅的住宅，居住着一家三口。房主很有自己的思想，钟情于具有国粹精华的中式风格，最终空间就是以现代中式风格来呈现。

　　室内所有空间全部采用实木地板铺贴，烘托中式底蕴。玄关的空间比较狭小，因此在进门处使用水晶珠帘作为隔断，使空间更显灵动通透；客厅中摆放黑色皮质沙发，结合花梨木家具，彰显低调的奢华。电视背景墙采用浅色壁纸装饰，周围采用中式花格木雕刻装饰，两侧拼贴艺术方砖，中西材质结合的手法让这一区域具有丰富的层次感；餐厅位于客厅后方，二者之间利用一个鱼缸分隔开，更添家中的生活情趣。餐厅背景墙使用灰砖壁纸铺贴，结合中式的饰面板和仿古家具，营造出浓郁的文化气息；主卧保留白色墙面，在家具安排上也采取一切从简的原则，取缔了繁复的装饰品，打造了一个简单、舒适的休息空间；相比之下儿童房就显得生机勃勃，充满朝气；淡绿的墙面和窗帘结合粉嫩的家具和床品，缔造出了一个令孩子身心愉悦的生活空间。

　　整个居室简约大气，细节安排合理到位，虽是沉稳古典的中式，其中也不乏活泼与灵动的生趣，值得让人细细品味。

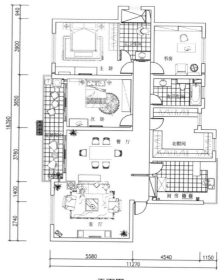

平面图

南京
147m²

中式风韵

主设计师: 于跃进(现任 南京蜂巢环境艺术设计
有限公司 设计总监)

　　这是个温馨的四口之家。房主在设计上的要求
很简单,简洁、大方,整体要体现出家的温馨感。
设计师考虑到整个户型比较规整,只是在局部上进
行了改造,在原本建筑形态的基础上采用穿插和加
减的手法,打造舒适温暖的空间。

　　室内以米黄色为基调,配以红木色的家具,温
馨中透着稳重。玄关处用一扇白色雕花镂空屏风作
为与客厅的隔断;电视背景墙采用米黄色大理石饰
面,结合黑色皮质沙发,提升了空间的档次;餐厅
与客厅相邻,采用欧式仿古砖拼花,划分了功能区间。
背景墙的风格与客厅一致,只是以凹凸形式拼贴,
使空间更具层次感;书房质朴淡雅,书柜中除了摆
放书籍以外还陈列有精美的工艺品,体现出了主人
的兴趣爱好;卧室采用浅色的花纹壁纸铺贴,让休
息的空间别有一份淡雅的格调。

　　整个居室在设计上考虑室内的环境、功能、灯光
等因素的作用,积极发挥创造性思维,摒弃多余的元素,
采用天然、简单的材料进行装饰,使家更环保,更温馨。

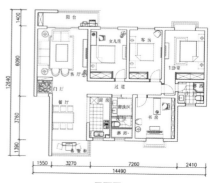

平面图

武汉
170m²

夜的第二章

主设计师: 张强 (现任 湖北武汉鑫晟装饰 设计部
经理)

这套四居室的房子中住着幸福的一家三口。女主人拥有浪漫主义情怀,对欧式的田园风格十分向往,希望身处家中也能感受到乡村风格的唯美和小清新。

在空间的设计上,设计师使用百叶和拱形门洞,对原结构作了很大调整。颜色上使用白色搭配田园色彩的碎花,让空间看起来更加简洁、明快。客厅以暖色调为主,电视背景墙采用浅色碎花壁纸作为装饰,两盏欧式田园风格壁灯点缀在两侧,使墙面不显单调;窗帘与布艺沙发花色相同,达到了整体的一致性;餐厅与厨房相邻,以玻璃拉门作为隔断,节省空间的同时保证了房间的通透性。仿古的吊扇灯具是连接两个空间的纽带,复古的颜色透出较强的时代感;书房陈设简单,无论是角落中小巧的搁架还是书桌座椅,都透着浓浓的田园风情;另一个

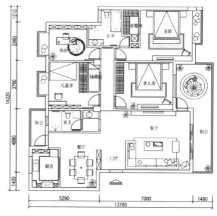

平面图

工作台从书柜中延伸出来,合理地利用了空间,又能保证两人同时工作。

整个房间利用家具、壁纸、软装饰品等元素完美地打造了一个充满欧式田园风情的家居空间,处处透着清新,让人的心情得到充分的放松。

乌鲁木齐
157m²

人间天堂

主设计师: 张泽亮(现任 乌鲁木齐 广东阿亮装饰
　　　 设计工作室 室内设计师; 国家注册室
　　　 内设计师)

　　房主是一位做生意的女强人, 房子会经常有客
户来访, 所以要求豪华大方, 有档次, 略带公共空
间的性质。设计师以欧式新古典风格来打造, 呈现
家的品位和质感。

　　客厅是主人接待来访客户的主要空间, 也是平
时休闲娱乐的区域。沙发背景墙上一副富有历史价
值的油画带我们走进了古老的历史文明。羊毛地毯
突显主人的品位, 增加舒适感。阳台的两边装饰着
两个罗马柱, 增添一份高贵。沙发侧墙斑斑点点的
砂岩浮雕艺术和古黄铜那经历沧桑然越发闪亮的璀
璨, 让人仿若置身于皇宫之中。客厅没有安放电视,
而以投影幕布代替, 主人在家中搭建了一个豪华的
"私人影院"。

　　餐厅为开放式空间, 大理石的转盘桌面和精致
的餐具显得十分奢华, 酒柜"储藏"丰富, 应有尽有,
用来招待客人再好不过。华丽的水晶吊灯是按照五
星级的餐厅标准去精心选购的, 为来宾营造豪华的
就餐环境。

　　设计师同时设计了棋牌休闲区, 为主人招待来
宾提供了娱乐场所。这里, 也许就是人间的天堂,
在这里, 也许就是享受的宫殿。

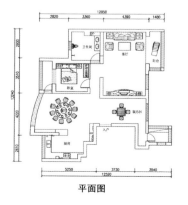

平面图

福州
150m²

闲慕之家

主设计师: 周玉富（现任 OFTEN 和风装饰建筑
与环境艺术设计事务所 总经理）

这套住宅居住着一个快乐的五口之家。房主热
爱旅游,曾经游历世界各地,观念开放却又不失传统,
有一定的审美观。

由于原建筑结构为顶层斜屋面的平层架空户
型, 设计师把有限的建筑空间扩大化、功能化、重
新规划、构建并整合空间,使之成为大复式加阁楼
的"空中别墅"。

整个空间以米白色及原木色为主,呈现出质朴
清新的格调。客厅中主要采用黑、白两种颜色的家具,
给人视觉冲击力,利用红色作为点缀,更加深视觉
印象;餐厅中间以吧台作为隔断,玻璃台面轻盈透彻,
使整个空间都显得灵动;阁楼与其他空间相比显得
与众不同。从墙壁到地面基本都由原木铺贴,材质
与斜面屋顶的构造更加让人觉得身处于山间的木屋
中。加上灯光的渲染,这个空间的环境显得无比的
温馨舒适。

在整体的设计风格上, 融入了传统的、富有识
别概念的弓字形主题元素,使得造型兼具中式文化

传承和实用, 同时别具情趣格调, 突显出主人的职
业与文化情操。

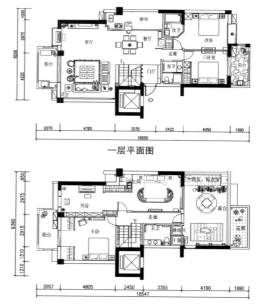

一层平面图

二层平面图

北京
155m²

当代 MOMA

主设计师: 熊龙灯 (现任 北京尚层别墅装饰公司
首席设计师; 高级室内建筑师)

　　这是一个幸福的三口之家。房主是一个摄影师,
具有良好的艺术鉴赏力,女主人具有高贵的气质,
儿子也拥有自己的公司。这个住宅属于高档小区,
因此主人希望新家充满高贵的艺术气息。

　　设计师以现代欧式风格来诠释该空间。客厅摆
放着简欧式沙发,棕红色的木地板是高贵的象征,角
落里的唱片机和仿古电话留下了岁月的痕迹,水晶灯
增添了奢华的感觉,巨大的风景油画装饰了一大片墙
面,从客厅一直延伸到餐厅,这也是整个空间画龙点
睛之笔;厨房采用仿古小方砖拼贴,渐变的颜色加深
了墙面的层次,与白色橱柜的搭配营造一种淡淡的田
园气息;书房中的红木英式书桌搭配高贵的丝绒帷
幔,显得既高贵又随意;主卧中,白色的欧式护墙板,
搭配酒红色的窗帘,白色的缎被,让房间显得浪漫、
高雅;客卧中黑色的水晶灯与暖色的壁纸相搭配,时
尚的氛围自然流露。

　　将窗外的景色和室内的风景融为一体,是设计
师在这个家中所追求的,其创造的迷人的艺术气质
把主人深深地吸引住,为它感动,为它惊喜。

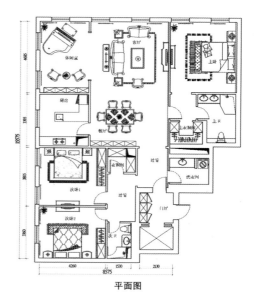

平面图